一看就懂的圖解物理

④ 物質與能量

中國科學院物理專家 周士兵 著

星蔚時代 繪

新雅文化事業有限公司

www.sunya.com.hk

一看就懂的圖解物理④
物質與能量

作　　者：周士兵
繪　　圖：星蔚時代
責任編輯：黃楚雨
美術設計：劉麗萍
出　　版：新雅文化事業有限公司
　　　　　香港英皇道499號北角工業大廈18樓
　　　　　電話：(852) 2138 7998
　　　　　傳真：(852) 2597 4003
　　　　　網址：http://www.sunya.com.hk
　　　　　電郵：marketing@sunya.com.hk
發　　行：香港聯合書刊物流有限公司
　　　　　香港荃灣德士古道220-248號荃灣工業中心16樓
　　　　　電話：(852) 2150 2100
　　　　　傳真：(852) 2407 3062
　　　　　電郵：info@suplogistics.com.hk
印　　刷：中華商務彩色印刷有限公司
　　　　　香港新界大埔汀麗路36號
版　　次：二〇二四年五月初版
版權所有‧不准翻印

ISBN：978-962-08-8351-4
© 2024 Sun Ya Publications (HK) Ltd.
18/F, North Point Industrial Building, 499 King's Road, Hong Kong
Published in Hong Kong SAR, China
Printed in China

目錄

物質與能量

⭐ 什麼是物質？   6

⭐ 組成物質的小微粒們   8

🔍 多樣的物質屬性   10

⭐ 物質中的能量   12

⭐ 奇妙的物質變化   14

🔍 巧用物態變化   16

🔍 讓物質幫我們搬運熱量   18

⭐ 物質的兩種變化   20

🔍 物理變化和化學變化共同改變世界   22

⭐ 什麼是能量   24

🔍 能量的儲存與轉化   26

🔍 我們使用的能量來源   28

⭐ 能量都到哪兒去了？   30

⭐ 用內能工作的蒸汽機   32

🔍 冒着蒸汽的大力士   34

🔍 燃燒的交通工具   36

⭐ 被傳遞的熱量   38

🔍 影響生活的熱傳遞   40

⭐ 人類的偉大發現——核能   42

🔍 我們如何使用核能   44

🔍 利用好能源，保護環境   46

物質與能量

我們的世界豐富多彩，充滿了各式各樣的事物，有美麗的鮮花、多變的雲朵、清澈的溪流、高聳的建築、奇妙的生命……這些事物並不是一成不變的，它們都在變化、運動，不斷改變着這個世界。

那我們的世界是由什麼構成的？又是什麼驅使着世界產生這些變化呢？來聽聽關於物質與能量的故事，讓物理告訴你答案吧。

什麼是物質？

啊！這個世界真是太美了，是由什麼組成的呢？

就是我——物質。

你是誰？

剛才說了嘛，我是物質。世間萬物都是由物質構成的。

你腳下踩的土地、天上的雲朵、太陽……

甚至包括你都由物質構成的。

我也是？

對，任何有質量和體積的東西都是物質。

質量？體積？那又是什麼？

質量是物質具有的量。

在地球上的物體，所具有的量越多，受的重力越大，所以重量也越大。

例如這個大石頭的重量比小石頭大，因為它的質量更大。

那物體的重量就是質量嗎？

不是，這是我們在地球上的一種測量方式。比如航天員在太空中，他的質量還存在，但因為那裏近乎是零重力，重量就變為零了。

7

組成物質的小微粒們

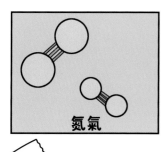

氮氣

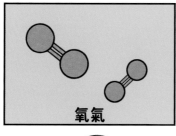

氧氣

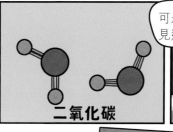

二氧化碳

可是我怎麼沒見過它們呢？

因為分子太小了，直徑一般只有百億分之幾米。你在一杯水裏找一個水分子就像在地球上找一個人一樣。分子不僅肉眼看不見，用一般的光學顯微鏡也看不見。只有用電子顯微鏡才能看到。

還有比分子更小的粒子呢。我們變得更小一點吧。

這麼小，真是難以想像。

我已經快要忘記我們最開始看到的是水了。

質子

中子

電子

看，這是原子，分子是由它構成的。你看，在中間的是中子和質子，外面在不停旋轉的是電子。

如果物質都是由分子這樣的微粒組成的，不就像沙子一樣嗎？

我們如何保持自己的形狀，難道不會散開嗎？

當然不會，因為微粒之間存在引力。

哎呀！我救不到你啦！

比如我們拿起一塊鐵板，鐵板沒有像沙子一樣散開，就是分子之間用引力互相拉住彼此。

我們是好兄弟，手拉手不分離。

但是這種引力如果距離太遠就沒有了，所以我們還是可以弄斷鐵板。

你離我太近了，好擠啊，退回去！

走吧，物質的世界豐富極了，我帶你看看更多好玩的東西。

除了引力之外，分子間還有斥力。分子間距離越近，這個斥力就越大。

分子真是挑剔啊，近了不行，遠了也不行。

出發！

多樣的物質屬性

我們生活在一個豐富多彩的物質世界中，每一樣物質都有自身獨特的屬性。我們可以用質量、體積和密度等屬性來衡量它們，同時還可以用很多看到的、聽到的、感受到的屬性來描述它們。如果我們用微觀的方式去觀察物質，會發現它們所具有的屬性都與構成它們的分子、原子有關。

形狀、大小、顏色都是物質的屬性，可以用來描述物體。

被分子影響的物質屬性

我們吃的麵條是麵粉做的，麵包也是麵粉做的，但是麵條和麵包卻擁有不同的形狀和口感。在自然界中，即使是同樣的元素組成的物體，也可能是兩種不同的東西。

你能想像嗎？我們寫字用的鉛筆芯，竟然和堅硬無比的鑽石由同一種元素組成。鉛筆芯是石墨，鑽石是金剛石，它們都是由碳原子組成的。

物質還有一些我們看不到的屬性，比如磁鐵具有磁性。

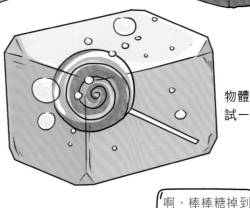

物體會不會溶解，要試一試才知道。

為什麼橡膠的彈性那麼好？

你看這是橡膠的分子，它們排列呈長鏈狀，捲曲在一起。

拉動橡膠就像拉動一團繞在一起的線團，所以它可以被拉伸。

啊，棒棒糖掉到海水裏溶解了。

我的貝殼比你的大。

救生圈是不是會浮起來，要放到水中才知道。

看，我發現兩個海星。這個是五角的，那個是六角的。

石墨中的碳原子為層狀排列，而且層與層之間的連接不緊密，所以石墨的質地柔軟，劃過紙張時會留下粉末和痕跡，可以用來書寫。

金剛石中的碳原子排列成立體結構，十分整齊，原子之間的連接也很穩定，所以金剛石硬度非常高，可以用在挖掘隧道的鑽挖機上，輕鬆地削碎堅硬的石頭。

皮革製成的排球表面粗糙。

玻璃製成的彈珠表面很光滑。

不同顏料的原材料不同，所以顏色不同。

物質中的能量

既然分子在動，那麼它們也具有動能。

而且你知道分子之間有引力吧？引力讓它們像彈簧變形時一樣具有勢能，這種勢能叫分子勢能。

所以在物質中，有分子動能，還有分子勢能，它們合在一起，被稱作內能。

那我明白了。不過有什麼方法能讓我更直接地感受到物質有能量嗎？

有，你可以從溫度上感受出來。

溫度越高，分子動得越劇烈。你用身體感受一下，溫度越高的，內能越高。

反過來，給物體加熱也能提升它的內能。

除了加熱之外，還有其他辦法提升物質的內能嗎？

向物體作功，如捶打物體，或者摩擦它，都能讓它溫度上升，內能增加。

曾經有人試過用機器不停地快速拍打一塊用保溫袋包裝的肉，最後將肉打熟了！

天啊！那肉好吃嗎？

那我還是正常地烤肉吧。

那塊肉都被打爛了，口感很差。

奇妙的物質變化

我討厭下雨啊！

為什麼呢？

因為雨水會把身體弄濕，我不能出去玩。

要是下雪就好了，雪真美，還可以堆雪人。

但是雨和雪的本質都是水。只不過雪是小冰晶，是固態的水，而雨是液態的水，狀態不同而已。

水為什麼有這麼多狀態？

不光是水，物質一般都有固態、液態、氣態三種狀態，這也和構成物質的分子有關。

固態的物質中，分子的排列很規律，就像列隊的士兵。這種狀態下分子最穩定，運動最小。

整齊劃一，站好位置！

液體狀態下，分子比較自由，它們可以自由活動，像行走的人羣，所以液體可以流動。

穿梭自由，無拘無束。

氣體狀態下，分子之間的空間最大，氣體中分子活動也最快、最活躍。

哈哈，空間好大，讓我飛奔起來。

那怎麼讓物質狀態發生變化呢？

這就需要另一位幫手——熱量啦。

你在說我嗎？

比如我們想讓冰變成水，就要讓它吸收熱量。熱量變化會引起溫度變化，溫度變化到一定程度，冰就會變成水。

物質從固態變為液態，稱為熔化。

不過，物質有兩種吸收熱量熔化的方式。

14

還有一類物質會隨着溫度上升而熔化，但是熔化沒有固定的溫度，熔化時溫度還會繼續升高。比如玻璃、蠟。

一類物質吸收熱量到達一定溫度後就開始熔化，在熔化的過程中，雖然還在吸收熱量，但是溫度不變。例如一般情況下，固態冰變成液態水的溫度是 0℃。

好，冰已經變成水了，如果我繼續讓水吸收熱量會發生什麼呢？

水越來越少了。

因為水變成氣態的水蒸氣了。物質從液態變為氣態，稱為汽化。

液體吸收熱量就會汽化，汽化有蒸發和沸騰兩種形式。

你看我一直給水加熱，現在它在劇烈地變成氣體。

對，這種現象叫沸騰。

我知道，這是「燒開水」。

液體都會沸騰，而且，純淨的單一液體沸騰時雖然在吸熱，但溫度會保持不變，這個溫度是液體的沸點。

反過來，物質如果在放熱，也會發生物態變化，氣態到液態叫液化，液態到固態叫凝固。

哈哈，其實並不複雜，物態變化很常見，也很好用，帶你去看一看吧。

熔化、汽化、凝固、液化……熔點、沸點……忽然知道了很多東西。

15

🔍 巧用物態變化

　　我們身邊有很多有用的物質，但很多時候這些物質的形態並不方便被利用。不過，現在我們知道了物質有三種狀態——氣態、液態和固態，如果我們掌握了讓物質轉換狀態的方法，就可以便利地使用這些物質了。

生活中物質的變化可以讓我們方便地對物質進行運輸和塑形。

工業鑄造

　　金屬的用途廣泛，生活中很多工具和零件都是金屬製成的，那人們是如何把堅硬的金屬變成各種想要的形狀呢？有一種方法就是鑄造。

　　鑄造就是給金屬加熱，將它從固態熔化成液態，再把液態的金屬倒入模具中，利用液體的流動性來塑形。金屬冷卻後凝固，就成了需要的形狀。

青銅鑄造

　　鑄造是人類最早掌握的金屬加工工藝之一，早在中國遙遠的商朝，人們就可以用鑄造的方法製造精美的青銅器。

製模

製作模具前，用陶土先捏出想做的青銅器的樣子，作為模型。

製範

用泥土包裹在模型外面，拿出模型後，得到了「範」（模具）。

澆鑄

再將熔化的銅液注入，待銅液冷卻後，便得到青銅器。

　　後來，聰明的工匠使用一種叫失蠟法的製作工藝。

1 他們先用比較容易塑形的蜂蠟，雕出想製作的器物的模型。

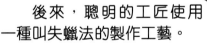

2 然後用泥漿包裹蠟模，製成模具。

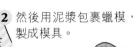

3 再用火加熱模具，蠟受熱熔化流出，就得到了可以澆鑄金屬的中空模具。

巧克力點心的造型方法其實類似鑄造，都是將固體熔化成液體，再利用模具讓液體凝固成想要的固體造型。

還差得遠呢，再來點水蒸氣才舒服。

好熱啊，我想出去了。

你見過人們蒸桑拿浴嗎？桑拿浴需要室內有大量水蒸氣，所以人們會在高溫的石頭上澆水。水受熱會汽化，產生水蒸氣。

石油氣液化後可以在有壓力的管道中，被送往千家萬戶。石油氣的沸點較低，常溫常壓下會汽化，所以石油氣離開高壓環境就可以汽化，方便使用。

液化石油氣

有些汽車以石油氣為燃料，相比汽油，石油氣是一種污染比較小的燃料。但是氣態的石油氣體積很大，不方便攜帶和運輸，把它變成液態後，體積就能縮小許多。

🔍 讓物質幫我們搬運熱量

物質在改變狀態時需要吸熱或放熱，利用這性質，我們可以通過一些物質狀態的變化來達到轉移熱量、調節溫度的目的。你家中就有應用這原理的電器喲！

水蒸氣加熱

我們常用水蒸氣蒸熟食物，因為水蒸氣遇到食物後，液化時會放出更多的熱量。同樣，大家要注意安全，水蒸氣造成的燙傷會比熱水更嚴重！

帶走熱量的二氧化碳

喝下碳酸飲料之後，我們會打嗝。氣體可以帶走許多熱量，從而讓我們覺得涼爽。

電冰箱

電冰箱如何讓內部變冷？它是用蒸發時的吸熱作用，把熱量從冰箱內部推到外部來降溫。冰箱內遍布金屬管，連接內部的蒸發器和外部的冷凝器。金屬管中裝有液態製冷劑，它在冰箱內部與外部間循環流動，在蒸發器中汽化，吸收熱量；之後在冷凝器中液化，釋放熱量。

蒸發器

降溫後的液體製冷劑進入蒸發器，迅速蒸發並吸收周圍環境的熱量，使冰箱內溫度下降。

冷凝器

冷凝器可以讓高溫的氣體製冷劑散熱，冷卻為液體製冷劑。

壓縮機

製冷劑容易汽化，壓縮機把它從蒸發器抽到冷凝器，並給它加壓。

膨脹閥

通過膨脹閥後，製冷劑壓力減小。

在飲料中加冰，降溫效果遠比加冷水好。因為冰融化時會吸收熱量，溫度並會保持在0℃，所以只要飲料是冰水混合物，它的溫度就可以保持在0℃。

空氣清新劑的瓶中有壓力，可以把容易汽化的清新劑液化。當液體噴出時又汽化，汽化會吸熱，所以我們使用空氣清新劑時可以感到周圍的空氣變涼了。

冷氣機讓你覺得涼快是因為它把熱量「搬」走了。

我一直以為是它把冷氣吹進來了呢！

空調（俗稱冷氣機）

空調的工作方式與冰箱基本相同——壓縮機讓製冷劑在冷凝器和蒸發器中循環流動，從而將熱量從室內帶到室外。

乾燥的冷空氣

蒸發器

風扇

冷凝器

被加熱的空氣

壓縮機

物質的兩種變化

我忽然想，現在杯子裏的冰在融化，物質正在變化，好神奇啊。

對啊，我們身邊的物質時刻都在變化。

物質都忙着在氣態、液態、固態之間轉變嗎？

物質的變化多種多樣，物態變化只是其中之一。

那還有什麼變化？

主要來說物質的變化分為兩種：物理變化和化學變化。

有時物質會改變它的形狀或狀態，但是本質沒有改變，屬性還是一樣的，這就是物理變化。物態變化就是一種物理變化。

我把紙摺成紙飛機……

但是它還是紙，所以這是一種物理變化。

木桌是由木頭製成的，在木匠的加工下，木頭發生了物理變化，從而變成了木桌。

真是變成了完全不同的東西。

同樣，牙籤和鉛筆也是木頭製成的，它們也只是經歷了不同的物理變化。

有時我們還會把物質混合，引起物理變化。

比如我分別用了黃色和藍色的顏料。

當我把黃色和藍色的顏料混合在一起，就有了綠色。

哇，好神奇！

有些混合物，混合和分離都很簡單，比如這碗麥片。

將牛奶倒進去，它們可以混合，用漏勺過濾一下，就可以將它們分開。

有些混合物想分離就比較難了。比如在水裏加鹽，你就看不到鹽了，因為鹽已經均勻地溶入水中，這種混合物叫溶液。

用一般的過濾方法就無法分離鹽和水了。

只能將水蒸發，留下的就是鹽。

對，鹽還是鹽，水還是水。

物質的本質構成材料沒有變化，就是物理變化。

那化學變化又是什麼呢？

化學變化跟物理變化就不一樣了。

有新物質產生的變化就是化學變化，比如我們點燃這根蠟燭，蠟燭燃燒就是化學變化。

燃燒產生了氣體。

判斷化學變化，我們可以觀察有沒有出現以下一些現象。

發光

燃燒

產生沉澱

蠟燭被一點點燒沒了。

產生氣體

變色

發熱

鐵釘生鏽，你會看到紅色的鐵鏽。

把水溶片放到水裏，會冒出大量的氣泡。

這些變化都產生了新物質，所以是化學變化。

以後我要好好區分哪些是物理變化，哪些是化學變化。

用心觀察萬物的變化，能發現很多有趣的現象呢。

物理變化和化學變化共同改變世界

物理變化與化學變化影響着我們生活的各方面，你所使用的各種東西，甚至吃的食物、吸入的空氣和喝的水，都經歷過各式各樣的物理變化或化學變化。讓我們伴隨一塊小小的礦石，去看看它經歷了哪些變化，才成為一塊有用的鋼材吧。

礦石開採

在蘊藏鐵礦的地方，人們會使用各種各樣的機械把礦石開採出來。如果礦石埋藏得比較淺，會用機械直接開挖。

挖掘機把礦石和沙土一起挖掘出來，在挖掘的過程中，大塊的礦石被切削成較小的礦石，經歷了物理變化。

挖掘出的礦石和沙土經過篩分機進行篩分。過程中會一步步碾碎礦石，並且一層層篩分、沖洗，分離出有用的礦石和沙土。這清理方法都是使用物理變化。

煉鐵

礦石被清理出來之後，會被送入煉鐵廠，在那裏完成從鐵礦石到鐵的轉變。鐵礦石的主要成分是氧化鐵，需要經過化學變化才能變成人們需要的鐵。

我們還會根據需要，給鐵混入其他的金屬做成合金。合金是一種混合物，這種處理也是一種物理變化。合金比純鐵有更好的性能。

從冶煉廠出產的鋼鐵還只是半成品，它還要進入軋鋼廠進一步加工。在軋鋼廠裏，人們會通過加熱、加壓的方式來把鋼鐵變成各種形狀的鋼材。

這個過程類似壓麵條，可以把鋼材處理成鋼板、鋼線、鋼帶等產品。這是用物理變化來處理鋼材。

熱風爐
將加熱的熱空氣送入爐中加速反應。

送料通道

熱風管

2 鐵礦石在爐中發生化學反應，高溫的鐵水和廢料都被分離了出來。

3 流出的高溫鐵水就是金屬鐵了，冷卻後成為固態的鐵，是物理變化。

1 鐵礦石會和石灰石、焦炭混合放入爐中進行加熱。

我們用工具把食物切成塊是一種物理變化。

食物在消化系統中被消化酶分解的過程，就是化學變化了。

咀嚼食物也是在通過物理方式改變它。

不易察覺的物質變化

有些物質變化你根本沒有察覺到，它們發生在大自然中，甚至是你的身體中。

植物可以進行光合作用，借助陽光的能量把二氧化碳和水分，轉變為養分和氧。光合作用是一種化學變化。

什麼是能量

比如，太陽的光和熱讓你覺得溫暖。

又比如我現在對你説話，是聲音的能量傳到了你的耳朵裏。

能量能做的事真多啊。

那當然，能量可以驅動物體運動。

能量能夠改變物體的形狀。

能量還可以將物體加熱甚至使物體燃燒。

真厲害！那這些能量從何而來呢？

在地球上，幾乎所有的能量都來自太陽。

太陽光讓地球上充滿生命，植物會用太陽的能量製造出養分供自己生長。

許多動物會通過吃植物來獲得能量。

肉食性動物會捕食其他動物來獲得能量，其中包括植食性動物，所以基本上牠們獲得的能量也是來自植物。

你看這樣能量的循環又回到了開始，反覆重來。

大自然真是太神奇了！

即使動植物死亡了，也會貢獻能量。

大多數動植物的殘骸會經過微生物分解，微生物從中得到它們需要的能量，同時把養分釋放到土壤中，供植物生長。

一些動物屍體和枯萎的植物，經過漫長的轉化可以變成燃料。

25

能量的存儲與轉化

能量存在的形式多種多樣，其運用的方式也千變萬化，很多時候我們需要把能量轉變成需要的形式才能加以使用。按照物質的不同運動形式分類，能量可分為核能、機械能、化學能、內能、電能、光能等。同時，能量也是寶貴的，我們需要把它們存儲起來，以備需要時使用。讓我們看看生活中是如何轉化和存儲能量吧！

我們在火力發電廠中燃燒煤、天然氣等燃料，把燃料中的能量轉化為電能。

把物體抬高，可以讓它具有更多重力勢能。我們修建大壩，讓水位升高，就是為了讓水積蓄重力勢能。

水從大壩上流下，重力勢能轉化為動能。

水流的動能可以帶動發電機發電，把動能轉化為電能。

無論是火力發電還是水力發電，我們都是把能量轉化為旋轉機器的機械能，再變為電能。

螢火蟲可以用體內的化學物質發光，把化學能變為光能。

有彈性的物體發生形態變化時，可以積蓄彈性勢能，給發條玩具上發條就是把動能變成彈性勢能。

音響可以把電能變成聲音，聲音中也有能量，就是聲能。

煤的形成

煤是一種化石燃料，它由植物殘骸轉化而來。同時煤還是一種不可再生資源，因為它轉變的過程非常複雜，不但需要適宜的條件，還要經過億萬年的時間。

沼澤

在理想的環境中，如沼澤、湖泊，植物死亡後的殘骸落入水中，在微生物的作用下變成泥炭或腐泥。

隨着地殼運動，這些泥炭或腐泥被埋入更深的地層。在壓力和溫度的作用下，轉化成為褐煤。

褐煤隨着時間推移越埋越深，周圍的壓力和溫度也隨之上升，經過變質作用變成煤炭。

煤化的時間越長，產生的煤越好。我們根據煤化程度的不同把煤分為泥煤、褐煤、煙煤和無煙煤。

褐煤

煤炭

食物中蘊藏着生物需要的養分，這些養分通過消化系統，變成我們身體中的養分。

身體中產生的脂肪是人體儲存能量的一種方式。不過過度肥胖是會危害健康的。

世界各國的煤炭儲量差別很大，其中美國煤炭儲量為世界第一，約佔全球的25%，第二和第三分別是中國和俄羅斯。

我們的身體通過分解體內的養分獲得能量，驅使身體運動。比如翻動書本這種動作就是把營養變成了動能。

電池中有化學劑，它把能量以化學能的方式存儲起來。當我們使用電池時，化學能會轉化為電能。

🔍 我們使用的能量來源

我們常說人類文明進化的一個重點是人類掌握了火的用法。古人燃燒木頭，把當中的化學能變成熱能，這其實就是人類利用外界能源的開始。現在我們已經學會從多樣的資源中取得能量並加以利用，你熟悉這些能量的來源和使用方式嗎？

創造電能

電能十分便利，但是我們無法從大自然中直接收集到電能。所以我們會把各式各樣的能量轉變成電能，再加以利用，因此人們把電能稱為次級能源。你了解這些發電的方法嗎？

> 天然氣也是一種燃料，可以燃燒釋放能量。

> 這些燃料的能量來自遠古時的生物，而生物的能量從根本上又來自太陽。

石油和天然氣的生成

石油是大自然賜予人類的能源寶藏之一，它的用途非常廣泛，主要用作生產柴油和汽油。產生石油的主要原料是生物殘骸。

風力發電

風力發動機葉片被風吹動而旋轉，藉此將機械能轉化為電能，儲存在電池中再傳輸出去。

石油開採

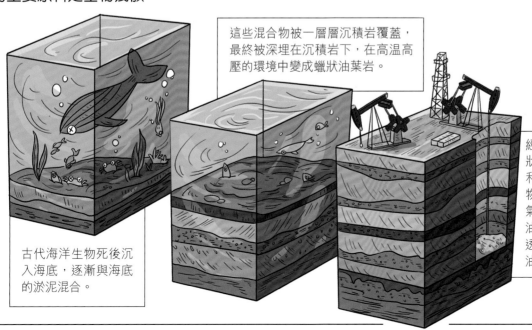

古代海洋生物死後沉入海底，逐漸與海底的淤泥混合。

這些混合物被一層層沉積岩覆蓋，最終被深埋在沉積岩下，在高溫高壓的環境中變成蠟狀油葉岩。

經過漫長的演化，蠟狀油葉岩會成為氣態和液態的碳氫化合物，液態的是石油，氣態的是天然氣。石油會通過縫隙向上滲透，聚集在一起形成油田。

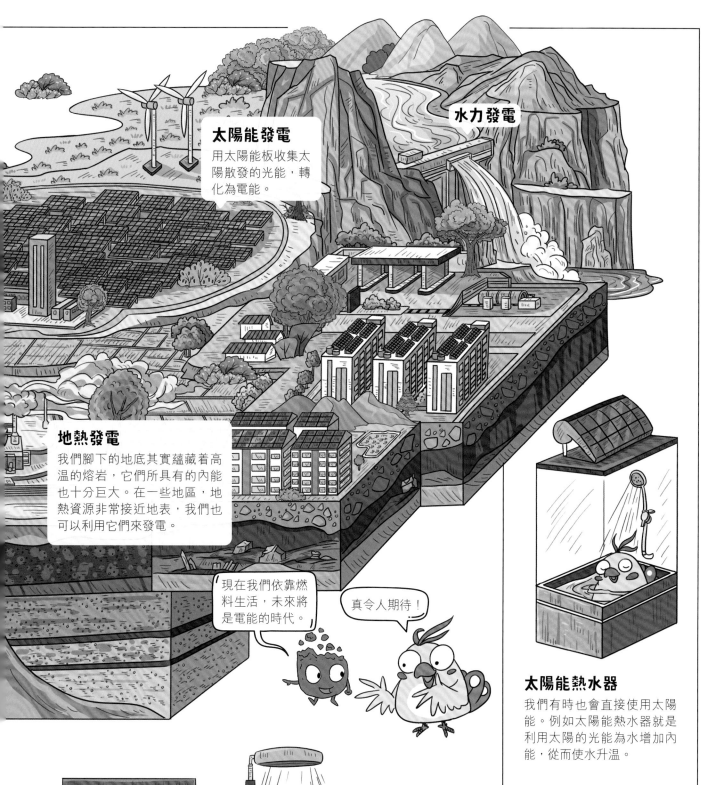

太陽能發電
用太陽能板收集太陽散發的光能，轉化為電能。

水力發電

地熱發電
我們腳下的地底其實蘊藏着高溫的熔岩，它們所具有的內能也十分巨大。在一些地區，地熱資源非常接近地表，我們也可以利用它們來發電。

現在我們依靠燃料生活，未來將是電能的時代。

真令人期待！

太陽能熱水器
我們有時也會直接使用太陽能。例如太陽能熱水器就是利用太陽的光能為水增加內能，從而使水升溫。

汽油是最常用的燃料之一，它由石油加工而成。石油燃燒可以提供大量的內能，驅動機械運轉。因為它對機械的重要作用，被譽為「工業的血液」。

現在也有很多汽車採用電為能源。電能被充入新能源汽車的電池中，從電能轉化為化學能，當車輛行駛時，再從化學能轉化為電能，讓電能驅動馬達轉動，帶動汽車行駛。

路燈
把電能轉化為光能供人們使用，通過布置在地底或地上的電纜，我們可以輕鬆地使用發電廠生產的電能。

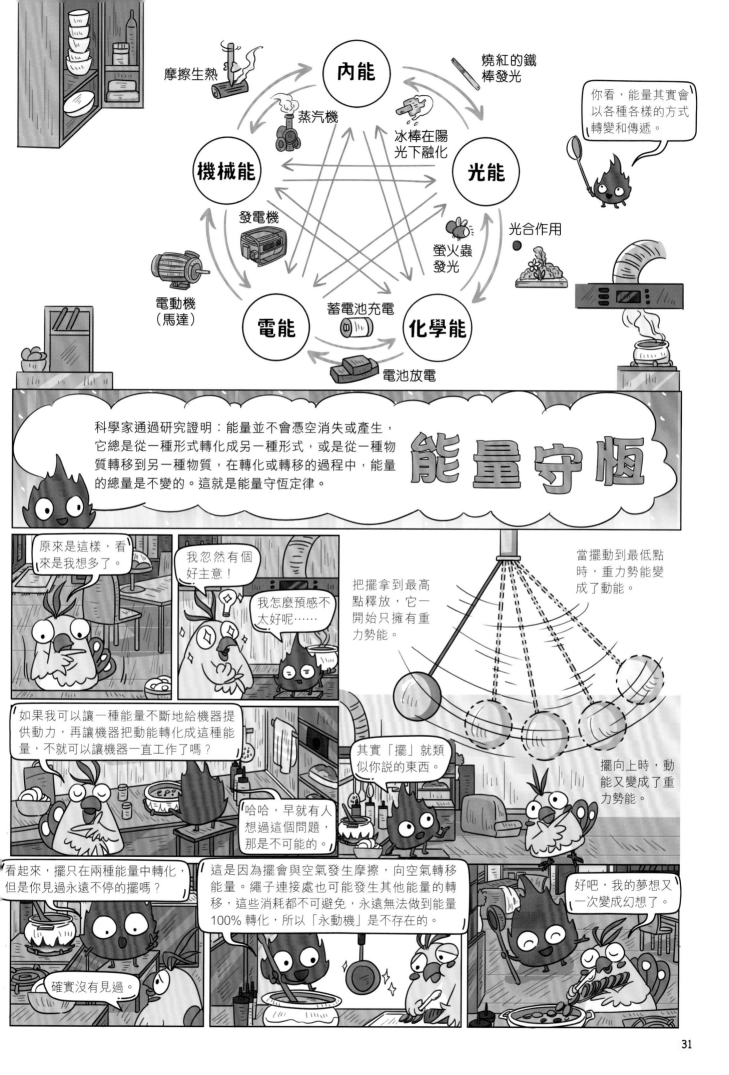

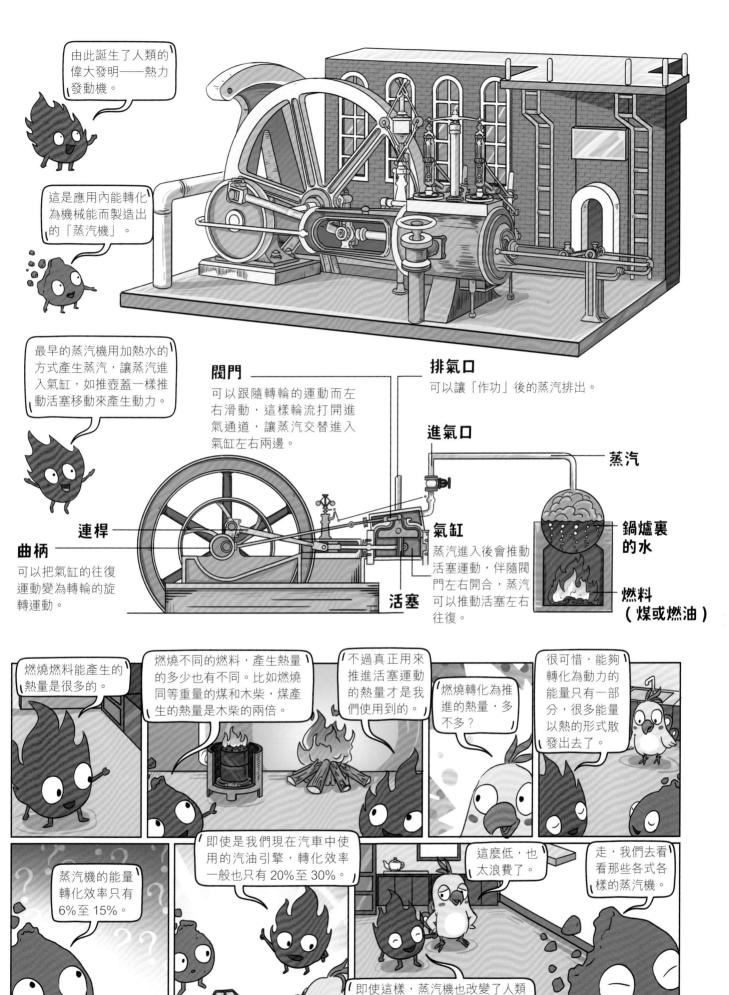

由此誕生了人類的偉大發明——熱力發動機。

這是應用內能轉化為機械能而製造出的「蒸汽機」。

最早的蒸汽機用加熱水的方式產生蒸汽，讓蒸汽進入氣缸，如推壺蓋一樣推動活塞移動來產生動力。

閥門
可以跟隨轉輪的運動而左右滑動，這樣輪流打開進氣通道，讓蒸汽交替進入氣缸左右兩邊。

排氣口
可以讓「作功」後的蒸汽排出。

進氣口

蒸汽

連桿

曲柄
可以把氣缸的往復運動變為轉輪的旋轉運動。

氣缸
蒸汽進入後會推動活塞運動，伴隨閥門左右開合，蒸汽可以推動活塞左右往復。

活塞

鍋爐裏的水

燃料（煤或燃油）

燃燒燃料能產生的熱量是很多的。

燃燒不同的燃料，產生熱量的多少也有不同。比如燃燒同等重量的煤和木柴，煤產生的熱量是木柴的兩倍。

不過真正用來推進活塞運動的熱量才是我們使用到的。

燃燒轉化為推進的熱量，多不多？

很可惜，能夠轉化為動力的能量只有一部分，很多能量以熱的形式散發出去了。

蒸汽機的能量轉化效率只有 6% 至 15%。

即使是我們現在汽車中使用的汽油引擎，轉化效率一般也只有 20% 至 30%。

這麼低，也太浪費了。

走，我們去看看那些各式各樣的蒸汽機。

即使這樣，蒸汽機也改變了人類的生活。後來人們不斷研究，發明了各式各樣的熱力發動機呢。

🔍 冒着蒸汽的大力士

蒸汽機是利用蒸汽的內能推動機械運動的動力機械，它的誕生對人類生產、生活的進步產生了至關重要的影響。從 18 世紀到 20 世紀，各式各樣的蒸汽機是世界上應用最廣泛的動力源，它的發明與發展經歷了很多重要階段，也體現了人類不斷追求科學進步的精神。

最早的蒸汽機

早在公元 1 世紀，古希臘就有一位叫希羅的科學家製作了一個用蒸汽推動旋轉的球，這被視為最早的蒸汽機。只不過它只是個新奇的玩具，並沒有實用價值。

水在密閉的鍋中加熱。

蒸汽從金屬管進入空心球。

蒸汽從空心球的噴口噴出，讓球旋轉。

瓦特改進蒸汽機

1763 年，英國人瓦特被邀請去一所大學維修一台紐卡門機，聰明的他很快意識到了紐卡門機設計上的缺點。紐卡門機的氣缸每工作一次都需要降溫，然後再重新加熱，這樣不但會浪費很多時間，也浪費了很多燃燒所得的熱量。於是瓦特將蒸汽冷凝結構獨立出來，改進了蒸汽機。

分離式冷凝器

瓦特加裝分離式的冷凝器後，蒸汽機工作效率提升了 3 倍，這是瓦特對蒸汽機的第一項改造。

紐卡門機

時間快進到 1712 年，一位名叫紐卡門的英國發明家綜合了許多科學家的想法，製作出了一台可以為抽水機提供動力的蒸汽機——紐卡門機。他創造性地將蒸汽機與抽水機分開，讓蒸汽機成了單獨的動力源。在之後的 20 年間，大約有 125 台紐卡門機在歐洲被使用。

蒸汽進入氣缸，推動活塞向上運動。之後用冷水給氣缸降溫，蒸汽液化成水後，氣缸內的氣壓下降，重力和氣壓讓活塞歸位。

連接桿

活塞連接着頂部的槓桿，帶動連接桿上下工作。

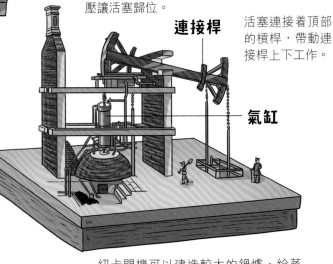

氣缸

紐卡門機可以建造較大的鍋爐，給蒸汽機提供很大的動力。但是它需要人工手動控制蒸汽進出等工作，操作十分煩瑣。

此後，人們又對蒸汽的壓力進行了提升，發明了高壓蒸汽機，它們的體積更小、馬力更大，被應用到更多領域。

哇！充滿力量的偉大機器。

瓦特改造蒸汽機非常成功，到1824年已生產1,165台瓦特蒸汽機。它被應用到紡織、造紙、採礦、冶金等工業生產中，讓機械替代了人手勞動，這不僅僅是一項科技革新，也引發了社會變革，推動了第一次工業革命。

瓦特雙向蒸汽機

雖然瓦特改進了蒸汽機的冷卻裝置，但是人們的需求並沒有提升多少。瓦特意識到如果蒸汽機只能做上下的往復運動，使用會受到限制。於是他又在蒸汽機上加入了曲柄結構，把往復運動變成旋轉運動。此後，他再加入了多種改進裝置。

調節閥

活塞

氣缸

瓦特不斷改良，讓蒸汽可以通過調節閥，分別從上下位置輪流進入氣缸，連續不斷地上下推動活塞運動。

瓦特加入了很多連桿結構，讓蒸汽機在運動時可以帶動閥門自己控制蒸汽的進出。

瓦特還發明了離心式調速器，可以讓蒸汽機穩定恆速地運轉。

蒸汽鍋爐

冷凝器　　**離心式調速器**

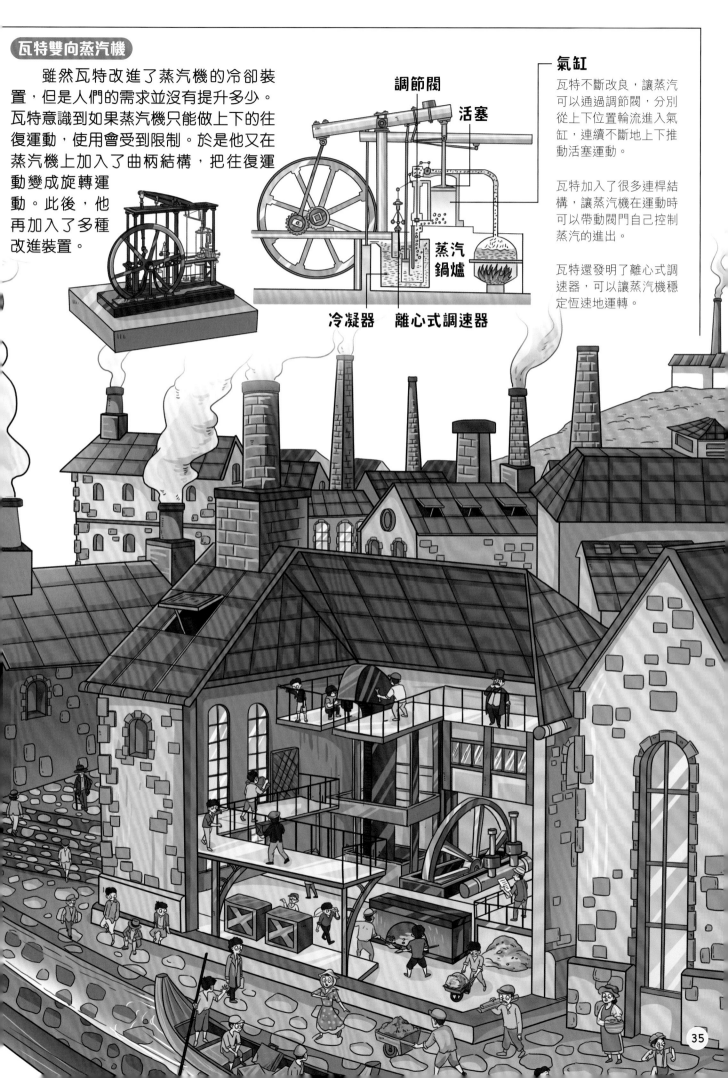

🔍 燃燒的交通工具

　　瓦特改進蒸汽機後，這種機械被廣泛應用到工業中，隨後人們便使用它來給交通工具提供動力，在技術的快速革新下，由蒸汽機推動的火車很快就遍布世界各地。隨後由內燃機推動的汽車出現，結束了人類幾千年策馬奔騰的時代。至今，以內燃機為代表的熱力發動機仍然是交通工具中最常見的動力源。

轟隆轟隆，蒸汽火車來了

1
瓦特手下的一名員工把蒸汽機裝了在一輛三輪汽車上，但那時的低壓蒸汽機動力很弱，所以這輛車走得非常慢，瓦特覺得沒有實用價值。然而這個點子啟發了另一位發明家——理查·特里維西克，他決心造一輛以蒸汽推動的車輛。

2
1804 年，特里維西克成功製造出一輛蒸汽驅動的機車，它載重 10 噸，用了 4 小時走了 15.7 公里。可惜這輛車太重了，壓壞了軌道，所以沒有被實際應用起來。

特里維西克製造的世界第一輛蒸汽機車。

火箭號
Rocket

3
不過，特里維西克的成功激勵了更多人研究蒸汽機車。1812 年，有人在英國製造了一輛用齒輪和齒條來前進的蒸汽機車，它在當地一條 6 公里的軌道上，運輸了煤炭二十多年。

當時因為蒸汽機車的速度太慢，甚至比不上馬車，所以大多數煤礦還在用軌道馬車拉送貨物。

4
為了改變這種狀況，1829 年在英國利物浦和曼徹斯特的鐵路上，展開了一場蒸汽機車之間別開生面的比賽。參賽的有無雙號、新奇號和火箭號。

汽油機的構成一般都類似，不過氣缸的排布方式有很多種。

汽車中的內燃機（引擎）

　　現代汽車中使用的內燃機（引擎）是我們更熟悉的熱力發動機。在引擎內，燃料會在氣缸內直接燃燒。汽油機、柴油機都是常見的引擎，分別以汽油、柴油為燃料。

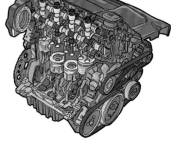

直列發動機
氣缸布置成一排，結構簡單。

水平對置發動機
氣缸互相對置，震動較小，節省空間。

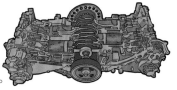

V 型發動機
可以在有限的空間布置更多的氣缸，獲得更大的動力。

5 最後無雙號和新奇號都在途中出現了故障，而火箭號拉着13噸重的車輛達到了每小時48公里的速度，贏得了比賽。比賽後，蒸汽火車開始被人們接受，這條鐵路也成了世界上第一條運營的鐵路。

6 1830年，在美國也出現了蒸汽機車與軌道馬車賽跑的情景，這次參賽的是大拇指湯姆號。它一度超過馬車，最終卻以故障收場，不過它的表現仍說服了企業家們投資蒸汽機車。

無雙號
Sans Pareil

新奇號
Novelty

1876 年
復脹式蒸汽機車
Compound expansion

1846 年
克蘭普頓型蒸汽機車
Crampton

7 此後，蒸汽機車便迎來了高速發展的輝煌時代。

1941 年
大男孩號蒸汽機車 Big Boy
它是世界上體積最大、功率最大、動輪最多的蒸汽機車。

在引擎中，燃料會在氣缸中燃燒，推動活塞運動。每個氣缸中活塞從一端移動到另一端叫一個「衝程」。現在我們見到的汽車一般都採用四衝程發動機，要經歷吸氣、壓縮、作功、排氣四個衝程來工作。

火星塞（俗稱火嘴）
用來點燃氣缸內的燃料。

氣缸

進氣門

活塞

排氣門

連桿

曲軸

吸氣衝程
進氣門打開，排氣門關閉，活塞向下運動，讓燃料和空氣同時進入氣缸。

壓縮衝程
進氣門和排氣門都關閉，活塞向上壓縮空氣與燃料的混合物。

作功衝程
火星塞點燃燃料，產生高溫高壓的氣體，推動活塞向下運動。

排氣衝程
進氣門保持關閉，排氣門打開，活塞向上，排出廢氣。

被傳遞的熱量

熱死我啦！

啊！好燙！

你沒事吧？那杯水是剛從熱水壺中倒出來的。

為什麼剛才還好好的杯子加了熱水就變燙了呢？我碰的是杯子，又不是熱水。

因為熱量會傳遞啊。

我來示範給你看，比如我們把水倒入這杯冰中。它們都是水，冰的溫度比水低。

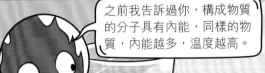

之前我告訴過你，構成物質的分子具有內能，同樣的物質，內能越多，溫度越高。

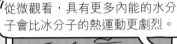

從微觀看，具有更多內能的水分子會比冰分子的熱運動更劇烈。

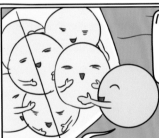

這時，內能會從一個分子傳遞到另一個分子，就像分子想要讓另一個分子一起運動。

給你點內能，你也和我一樣動起來吧！

在這種傳遞中，傳遞內能的多少就是熱量。最終，所有的水分子會有相同的內能，用同樣的速度運動。

這時，我們再看整體的冰水，溫度高的水已經把冰融化了，整杯水變成了同一個溫度。

那我們可以阻止這種熱傳遞嗎？

這種熱量的傳遞在不同物質、不同的分子間也存在。所以熱水把熱量傳遞給了杯子，杯子溫度升高，燙到了你。

這恐怕不行。

這種熱傳遞是自發的，並不受控制，只要有溫度不同，就會發生熱傳遞。

這些熱量你快拿走，我控制不住我自己。

這種熱傳遞總是從高溫到低溫，不會從低溫傳遞到高溫。

低溫

高溫

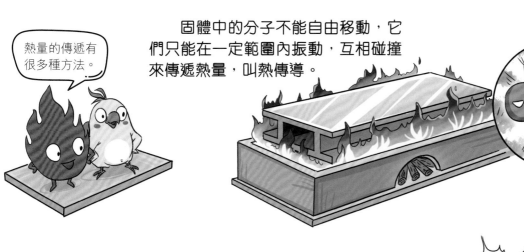

熱量的傳遞有很多種方法。

固體中的分子不能自由移動，它們只能在一定範圍內振動，互相碰撞來傳遞熱量，叫熱傳導。

液體和氣體因為分子可以移動，所以熱分子會衝向冷的地方，把冷分子擠下來，冷分子再被加熱流動，這叫熱對流。

在真空中熱量也可以傳遞，這叫熱輻射，太陽就是這樣把熱量送到地球。

熱傳遞的辦法這麼多，看來我只能放棄了。

不過，如果你只是想防燙還是有辦法的，選對材料就好了。

真的嗎？

你看這口鍋，我們用火加熱它時，它的把手並不會燙到我們。

確實是。

不同物質傳遞熱的能力是有區別的，有的容易傳遞熱，叫優良導熱體；有的不容易傳遞熱，叫不良導熱體。

金屬

橡膠

鍋身是用金屬製成的，它是優良導熱體，所以升溫很快。把手是橡膠製成的，是不良導熱體，所以升溫很慢。

好吧，那我們去商店，你幫我選一個用不良導熱體做的杯子吧。

🔍 影響生活的熱傳遞

在我們這個由物質構成的世界中，到處都在進行着熱傳遞。小到你盤子中的食物在慢慢變涼，大到整個地球的氣候、生命的誕生都與熱傳遞息息相關。

理解和利用熱傳遞，對我們的生活有着重要的意義。

城市中很多建築物是混凝土結構，相比水，它們的比熱容量小，熱量傳遞時溫度變化會更明顯。不過，城市中的人、車輛等都會散發熱量，讓城市的溫度變化比野外小。

物質的比熱容量

你或許會發現一個有趣的現象，沿海地區的晝夜溫差比內陸要小很多，並且一年中的氣溫變化不會很劇烈。為什麼？這都是海水的功勞。不同物質在相同質量下，吸收相同的熱量後，其升高的溫度是不同的。

經過研究，人們用「比熱容量」來計算物質吸收熱量與提升溫度的關系。比熱容量越高的物質，提升相同溫度時需要吸收的熱量越多。水就是一種比熱容量較大的物質。

建造建築物時，工程師要考慮材料的熱脹冷縮，不然建築物變形會有坍塌的危險。

風可以帶走熱量。建築物的牆身阻止了空氣的熱對流，所以可以保溫。

減少熱量傳遞的保溫瓶

保溫瓶的巧妙設計減少了熱量的傳遞，從而能為其中的物質保溫。

塞緊的瓶塞

瓶塞一般採用橡膠、木頭等不良導熱體製成，密閉性強的瓶塞阻止了瓶中空氣與外部接觸，減少了熱傳導。

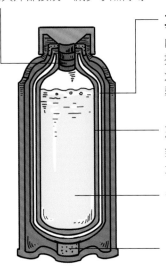

真空

內膽和外壁之間的空氣被抽掉，製造出一個真空層。因為沒有傳導熱量的介質，熱量傳導大大降低。

塗銀的瓶壁

銀層可以阻擋熱輻射，減少熱量在真空中傳播。

熱水或冷水

支撐物

固定內膽的支撐物也會使用不良導熱體製作。

物質傳遞熱量的能力不同，還會隨物態的變化而改變。一般來說，金屬的導熱能力都很強，非金屬的導熱能力差。和氣體相比，液體的導熱能力更強。

建築物的牆壁結構中也可減少熱量變化。當中有導熱性差的材料作保溫層，也有一些中空的材料來降低牆面的導熱性。這樣可以保持屋內溫度。

因為水的比熱容量很大，所以海水可以在陽光的照射下吸收很多熱量，但溫度上升卻有限。夜晚來到時，流失熱量的水溫度下降也並不多。

沙子是一種比熱容量較小的物質，所以當有太陽照射時，溫度會快速上升；當夜晚沒有太陽輻射傳遞熱量時，沙子又會快速降溫。所以沙漠地區晝夜溫差非常大，白天炎熱，夜晚寒冷。

為什麼橋上經常見到這種縫隙呢？

這叫伸縮縫，因為橋樑會因為熱脹冷縮而產生形變，這個縫隙是給橋樑形變預留的空間。

溫度計

物體受熱，溫度上升後，通常會膨脹而產生形變。溫度變化越大，形變程度越大，具體表現為熱脹冷縮。而溫度計就是應用這原理製作的。

通常使用的溫度計內裝有酒精或水銀。

液體受熱後體積會膨脹，於是擠入細細的管中向上爬升。這樣我們就可以通過觀察液面的高度來判斷體積膨脹的程度，從而知道現在的溫度。

人類的偉大發現——核能

終於找到你們了，我有個問題想問你們。

説吧，你又發現什麼了？

哈哈，你的好奇心越來越旺盛了。

自從知道了能量，我就開始關注能源問題。這裏説核聚變有望徹底解決人類的能源問題。核聚變是什麼？這麼厲害？

核聚變是核能釋放方法的一種，還有一種叫核裂變。

裂變

聚變

核能是什麼？

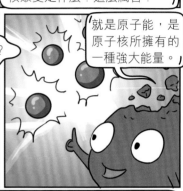

就是原子能，是原子核所擁有的一種強大能量。

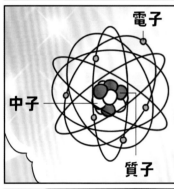

電子

中子

質子

我們講過構成物質的微粒是原子吧？這是一個原子的模型，它由中間的質子和中子構成的原子核，加上外面運動的電子組成。

其實這模型只是為了讓你看清結構，實際上，假如把這個原子的大小比作一個廣場，原子核只有豌豆這麼大。

這也太誇張了！

還有更誇張的呢，別看這個原子核這麼小，它卻有着原子幾乎所有的質量。因為質子和中子，哪一個的質量都是電子的一千八百多倍。

在這樣的原子中，質子和中子由強大的核力吸引在一起，組成牢固的原子核。

我們都是好兄弟。

那跟能量有什麼關係？

這種核力的能量非常驚人，如果把質量大的原子核分開，就會釋放巨大的能量，稱為核裂變。

反過來，如果把兩個小原子核合在一起，組成新的原子核，也會釋放巨大的能量，這是核聚變。

經過實驗，科學家可以用中子轟擊質量較大的原子核，讓它分裂成兩個原子核，釋放能量。

就像用手槍發射子彈把原子核打散。

聽起來真厲害，如果要一直獲得核裂變的能量，要不停地「打」原子核嗎？

對，不過有個簡單的辦法可以自動完成過程。你看這些骨牌，如果我推倒第一塊，會發生什麼？

後面的骨牌也會被前面的骨牌擊倒。

對，核裂變也可以像骨牌一樣。

我們可以用一個中子轟擊原子核，原子核斷開時會同時釋放能量和幾個中子，這些中子還會擊中其他的原子核，然後裂變就會像骨牌一樣傳遞下去。

如果我們讓 1 公斤的鈾完全裂變，釋放的能量超過完全燃燒2,000 噸煤呢！

真難以想像！

那我們讓這種原料一次過反應嗎？

一次過反應太危險了，裂變在一瞬間，可以發出毀滅性的能量。原子彈應用的就是不受控制的核裂變。

太可怕了！

不過現在科學家已經掌握了控制核裂變的方法，所以我們可以建造核電站，使用核裂變釋放的能量。

核聚變有着更強的能量，我們用不受控制的聚變反應製造了氫彈。

可惜我們還沒有辦法穩定地控制聚變反應，所以離它的應用還有一段距離。

現在世上已經有數百座核電站，它們製造了世界上五分之一的電能。

我們去看看核電站是如何工作的吧。

🔍 我們如何使用核能

　　在傳統的火力發電站中，我們通過燃燒燃料來發電。但是這種方式獲得的能量遠小於燃料本身具有的能量，效率不高，還會造成空氣污染。而核能是一種形式完全不同的能量，核反應會把作為燃料的原子變為其他的原子，用很少的燃料就能產生巨大的能量。不過，核能也很危險，需要小心控制，而這種反應本身和產生的廢物都會發射有害的輻射，所以核電站都需要嚴密的防護。

什麼是核電站？

　　核電站是特殊的發電廠，使用核能來產生電力。它們通常由一系列的核反應爐組成，這些反應堆中的核燃料會經歷核裂變反應，釋放出大量的能量。

核電站的工作原理

　　核電站使用核燃料，比如鈾作為燃料。當鈾核裂變時，它會釋放出熱能。這些熱能用來加熱水，將水轉化為蒸汽。蒸汽推動汽輪機旋轉，汽輪機連接的發電機就會產生電力，這樣核能就能被轉化為電能。

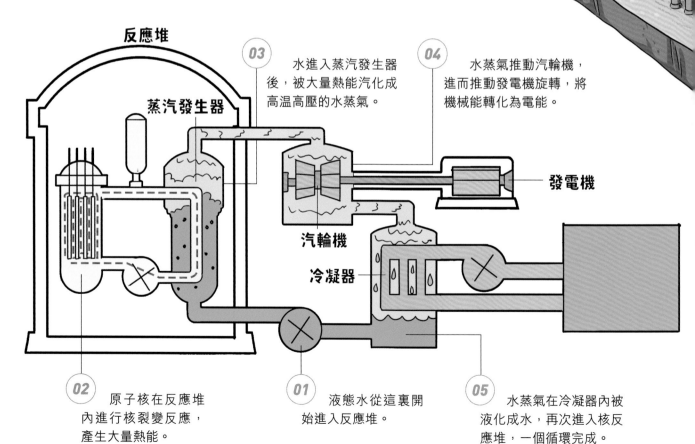

反應堆

蒸汽發生器

03 水進入蒸汽發生器後，被大量熱能汽化成高溫高壓的水蒸氣。

04 水蒸氣推動汽輪機，進而推動發電機旋轉，將機械能轉化為電能。

發電機

汽輪機

冷凝器

02 原子核在反應堆內進行核裂變反應，產生大量熱能。

01 液態水從這裏開始進入反應堆。

05 水蒸氣在冷凝器內被液化成水，再次進入核反應堆，一個循環完成。

現在科學家雖然可以在這樣的反應堆中實現核聚變，但是達到實驗條件所消耗的能量遠超我們能得到的能量，所以把它投入使用還有很長的一段路要走。

真期待能看到人造太陽的一天。

還在實驗中的核聚變

你知道嗎？太陽就是通過核聚變來產生能量的。所以如果我們掌握了核聚變技術就可以創造出自己的小太陽，解決能源問題。並且核聚變所需的原料可以通過水和鋰獲得，鋰是一種廣泛存在的礦物，可以說取之不盡。不過，要達到核聚變的條件需要用上攝氏百萬度的高溫，想要製作能夠承受這種工作環境的反應堆十分困難。

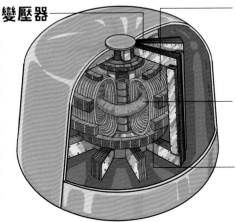

變壓器

環形管
可以加入燃料氣體。

等離子體
當注入環形管中的氣體被加熱到非常高的溫度時會形成等離子體，它受磁場影響，高溫和高壓可以使它產生聚變反應。

磁場線圈
通過強電後可以給環形管施加強力的磁場。

🔍 利用好能源，保護環境

人類對能源的利用給生活帶來了諸多方便，但也有一定的副作用。一些能源的使用會造成環境污染，這些污染不僅會危害我們的健康，還可能對地球造成無法彌補的傷害。所以，我們要研究更好地利用能源的方法，以保護我們共同的家園。

霧霾（煙霞）

霧霾是一種空氣污染，會造成人類呼吸系統的疾病。它由霧和霾組成，霧是空氣中的小水滴，霾是空氣中的細小煙塵，這些顆粒溶入霧中就形成霧霾。

不當使用能源造成的危害

温室氣體

燃燒化石燃料時會產生二氧化碳等氣體，它們會產生温室效應，所以被稱為温室氣體。動植物的呼吸也會產生二氧化碳，但植物的光合作用可以消耗它們，而燃燒所產生的二氧化碳遠高於植物正常的消耗，所以就產生了温室效應。

酸雨

燃燒化石燃料會產生二氧化硫等物質，它們進入雲層，被雲中的小水滴吸收就會產生帶有酸性的雨。酸雨會毒害植物、損害人體健康、腐蝕建築物。

温室效應

地球通過太陽輻射的能量來獲得熱量，同時把一定的能量輻射到太空，才能保持着適合生物生存的温度。但一些氣體分子例如二氧化碳會阻擋熱輻射，把熱量困住，讓地球如温室般升温。

能量不是守恆的嗎？為什麼我們還要節約能源呢？

雖然能量會守恆，但是很多能量會在實用中以其他不必要的形式消耗掉。以現在的技術，我們並不能把這些損耗回收再利用，所以我們能利用的能源是有限的，需要珍惜。

可再生能源

風能、水能、太陽能等能源可以源源不斷地從自然界獲取，所以被稱為可再生能源，也不會造成環境污染。將它轉化和使用，是我們未來發展的目標。

節約能源

我們可以減少使用汽車，短途選擇步行或騎自行車。

增加綠化

植物可以消耗二氧化碳，減少溫室氣體，所以增加綠化可以改善環境，減少燃燒化石燃料所造成的危害。

新能源汽車

傳統汽車使用汽油和柴油作為燃料，消耗許多石油資源，排放的廢氣還會污染環境。所以人們發明環保的新能源汽車（主要是電力）。如今世界各地已逐步淘汰燃油車，以減少碳排放。

出行時盡量選擇公共交通工具，以減少能源的消耗。

不可再生資源

我們不能無限制地使用和替代的資源，包括礦產資源、水資源、土地資源等。它們存在於地球上，但數量有限，不能被迅速再生或恢復。保護不可再生資源非常重要，我們可以通過節約用水、減少能源消耗、回收利用等來保護這些資源。

分類回收垃圾

你知道嗎？我們生活中使用的很多物品也是由化石燃料製成的。例如塑膠、人造纖維都需要石油作為原材料。回收再利用這些垃圾可以減少消耗化石燃料。